iveau lecture 4

Tous lecteurs !

Documentaire

Les animaux migrateurs

Robert Coupe

traduit par Lucile Galliot

hachette ÉDUCATION

Sommaire

hachette s'engage pour l'environnement
en s'approvisionnant principalement en papier certifié
et en réduisant l'empreinte carbone de ses livres.
Celle de cet exemplaire est de :
150 g éq. CO_2
Rendez-vous sur
www.hachette-durable.fr

ISBN : 978-2-01-117495-6

Un grand nombre d'espèces animales effectuent régulièrement des migrations*, parfois sur de très longues distances. Sur terre, dans les airs ou sous l'eau, les animaux rejoignent chaque année des régions très éloignées. La plupart migrent vers d'autres régions pour trouver plus facilement leur nourriture ou pour se mettre au chaud pendant l'hiver.

Le vol du papillon monarque

Des milliards d'insectes migrent chaque année. Les papillons détiennent le record de kilomètres parcourus. À l'arrivée de l'automne, des millions de papillons monarques quittent le Nord de l'Amérique, voyagent en groupes en direction du sud et rejoignent le Mexique. Ils échappent ainsi aux froids hivers du Nord.

Colorée mais dangereuse

La chenille monarque se nourrit de feuilles vénéneuses*. Le poison qu'elle absorbe et garde dans son corps est mortel pour les animaux qui essaient de la manger.

une chenille monarque

Les papillons monarques qui migrent vers le sud ne revoient jamais la terre de leur naissance. Ils meurent sur le chemin du retour, juste après avoir pondu leurs œufs.

La traversée des gnous

Les gnous sont des mammifères herbivores* qui vivent en troupeaux. Chaque année, au mois de mai, ils se regroupent par milliers pour traverser les grandes plaines du Sud de l'Afrique. Ils voyagent depuis la Tanzanie jusqu'au Kenya. En novembre, ils parcourent le chemin en sens inverse.

Arrivés au Kenya, ces gnous doivent encore traverser la rivière Mara sans se faire dévorer par les crocodiles. Ils sont presque au bout de leur voyage !

La file indienne des langoustes

Les langoustes vivent dans les mers chaudes. Certaines effectuent une longue migration* pendant laquelle elles voyagent l'une derrière l'autre au fond de l'océan. Elles marchent parfois plusieurs jours de suite sans s'arrêter !

Pas de pinces !

La langouste et le homard appartiennent à la famille des crustacés*. Mais, contrairement aux homards, les langoustes n'ont pas de pinces.

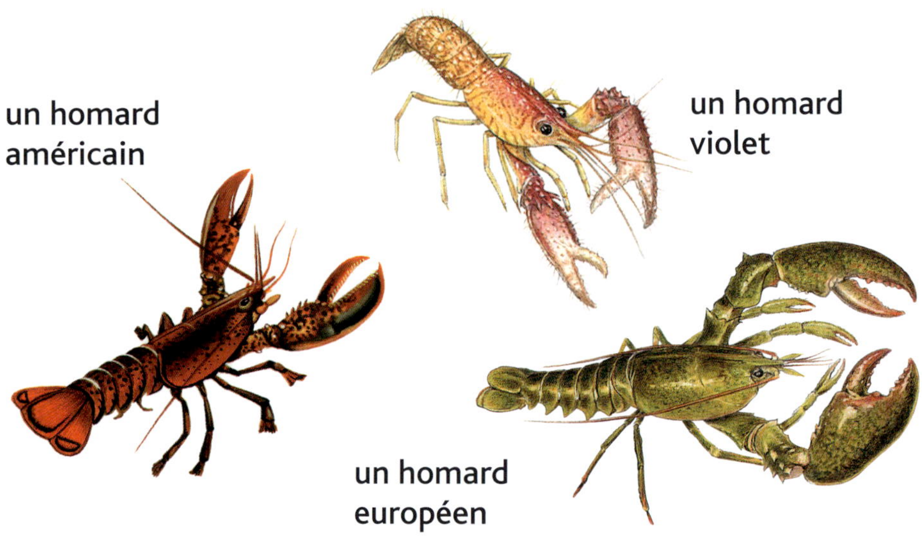

Le sais-tu ?

Les langoustes se nourrissent de crabes, d'escargots de mer, de palourdes et d'autres petits animaux.

Lorsque
les langoustes
sont menacées
par un autre animal,
elles forment un cercle
et agitent leurs longues
antennes* épineuses.

Les oiseaux migrateurs

De tous les animaux, les oiseaux sont ceux qui migrent le plus loin. Certains effectuent même un tour du monde complet ! D'autres se contentent de courts allers-retours. Les pélicans blancs, par exemple, se reproduisent dans le Sud de l'Europe, puis partent passer l'hiver dans le Nord de l'Afrique, où il fait plus chaud.

Vol en formation

En hiver, les bernaches nonnettes quittent le Groenland pour rejoindre l'Europe. Elles se déplacent en groupes et forment un V dans le ciel.

Les pélicans blancs se nourrissent principalement de poissons. Pour pêcher, ils se posent sur l'eau, attendent que leur proie* nage en surface, puis la capturent dans la poche de leur long bec.

Le défilé des éléphants

La majorité des éléphants d'Afrique vivent près de l'équateur*. Dans ces zones tropicales*, il n'y a que deux saisons : une sèche et une humide. Pendant la saison des pluies, les éléphants restent dans les plaines verdoyantes, mais au début de la saison sèche, ils migrent vers les forêts où la nourriture est plus facile à trouver.

À portée de trompe

Un éléphant est aussi habile avec sa trompe qu'un homme avec ses mains. Il l'utilise pour saisir sa nourriture et la porter à sa bouche.

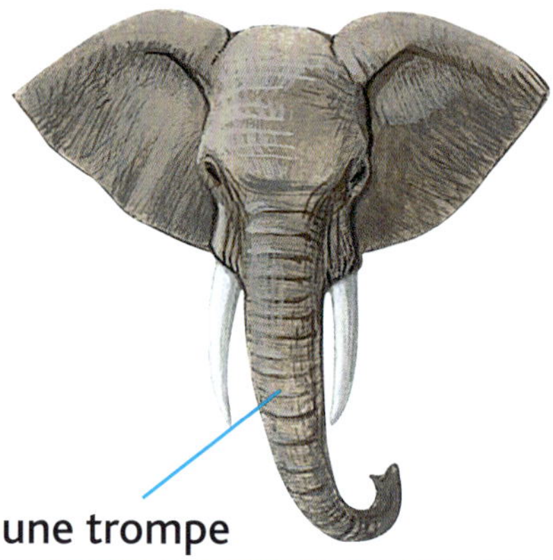

Lors de leurs migrations*, les éléphants se déplacent en file indienne derrière la femelle la plus âgée du troupeau.

Le sais-tu ?

Les éléphants africains sont les plus gros animaux terrestres.
Ils avalent d'énormes quantités de fruits et de plantes.

Le voyage des tortues

Les tortues marines ne quittent presque jamais les océans et peuvent nager à plusieurs centaines de kilomètres de toute terre. Seules les femelles se rendent sur les côtes pour pondre et enfouir leurs œufs dans le sable. Après avoir pondu, elles regagnent l'eau rapidement et ne s'occupent plus de leurs œufs. À leur naissance, les petites tortues trouvent seules la direction de la mer et s'en vont au loin. Les mâles ne retournent jamais sur la terre ferme.

Le sais-tu ?

Les tortues marines sont des animaux solitaires. Elles ne rencontrent leurs semblables que lorsqu'elles sont prêtes à se reproduire.

des tortues
à écailles dans
l'océan Pacifique

Les tortues marines sont équipées pour nager sur de longues distances : leur carapace est légère et leurs pattes avant ressemblent à des rames.

Les phoques et les otaries

Certaines espèces de phoques et d'otaries font de longs voyages. Les lions de mer de Steller habitent une grande partie de l'année dans les eaux froides du pôle Nord*. L'hiver, les femelles et leurs petits parcourent jusqu'à 10 000 km vers le sud !

Histoire de poils

Le corps des phoques et des otaries est couvert de poils et protégé par une épaisse couche de graisse.

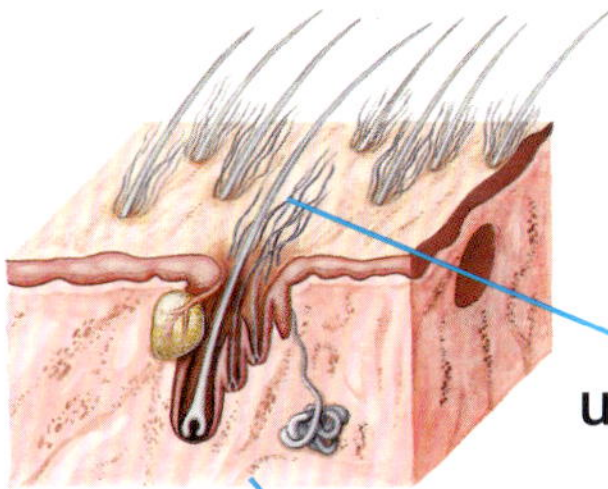

des phoques de Weddell

des phoques du Groenland

Bien qu'ils soient de proches cousins, les otaries et les phoques sont différents. Les oreilles des phoques sont invisibles alors qu'on voit bien celles des otaries de chaque côté de leur tête.

Le périple des baleines

Les baleines à bosse parcourent plus de 25 000 km par an ! Lorsque l'hiver approche, elles quittent les régions polaires* et voyagent jusqu'aux eaux chaudes de l'équateur* pour se reproduire. Au début de l'été, elles retournent vers les Pôles et passent la belle saison dans leur zone d'alimentation*.

Plouf !

Les baleines à bosse dressent souvent leur queue hors de l'eau puis frappent violemment la surface.

Tant qu'elles restent éloignées des mers polaires, les baleines à bosse cessent de se nourrir et vivent sur leurs réserves de graisse.

des baleines
à bosse

Le vol plané des albatros

Les grands albatros sont d'habiles planeurs*. Ils sont capables de survoler les océans pendant des heures sans faire un seul battement d'ailes. Au printemps, ils retournent sur terre pour se reproduire. Ils construisent leur nid sur de petites buttes de terre et d'herbe.

Le sais-tu ?

Lorsqu'il étend ses ailes, un grand albatros mesure jusqu'à 3,70 m d'une extrémité à l'autre !

Les albatros peuvent boire de l'eau de mer. Ils rejettent ensuite le sel par leurs narines situées de chaque côté de leur bec.

Partenaires pour la vie

Les couples d'albatros sont fidèles toute leur vie et se retrouvent tous les deux ans pour danser et se reproduire.

La longue marche de l'empereur

Les manchots empereurs sont les plus gros de tous les manchots. Ils vivent en Antarctique* où ils se reproduisent pendant l'hiver. Chaque année, au mois de mars, ils entament une longue marche d'environ 100 km à l'intérieur des terres gelées pour aller pondre leurs œufs. Une fois les œufs pondus, les femelles retournent à l'océan pour se nourrir.

Baby-sitting

Pendant que les femelles partent s'alimenter en mer, les mâles s'occupent des œufs puis des poussins. Ils attendent patiemment sans manger pendant plus de deux mois. Au retour des femelles, ils peuvent enfin partir en quête de nourriture !

Les manchots sont incapables de voler. Pour se déplacer hors de l'eau, ils se dandinent* maladroitement ou glissent à plat ventre sur la glace.

Des rivières aux océans

Les poissons d'eau douce* vivent dans l'eau des rivières et des lacs. Les autres poissons vivent dans l'eau salée des mers. Mais certains passent de l'eau douce à l'eau salée. Les saumons, par exemple, naissent dans une rivière ou un petit cours d'eau. Ils nagent ensuite jusqu'à la mer où ils deviennent adultes. Des années plus tard, ils reviennent dans la rivière où ils sont nés pour pondre.

Les saumons possèdent un très bon odorat*. Ils peuvent ainsi retrouver la rivière où ils sont nés car chaque cours d'eau a son propre « parfum ».

Le cycle de vie du saumon

Lorsque l'œuf de saumon éclôt, il en sort un alevin* qui, en grandissant, devient un frai* puis un tacon*. Les tacons nagent jusqu'à la mer où ils se développent jusqu'à l'âge adulte.

œuf alevin frai tacon adulte

un saumon rouge mâle adulte

Des océans aux rivières

L'anguille, un poisson long, fin et lisse, vit en eau douce. Mais elle pond ses œufs dans l'océan salé. À leur naissance, les jeunes anguilles nagent vers la côte, puis remontent les fleuves et les rivières. Après avoir passé 6 à 20 ans en eau douce, les adultes retournent à la mer pour se reproduire.

Des couleurs changeantes

Les jeunes anguilles d'eau douce sont jaunes. Au passage à l'âge adulte, leurs yeux s'agrandissent, leur ventre devient brillant et elles prennent une couleur argentée.

une jeune anguille

une anguille adulte

La plupart des anguilles d'eau douce naissent dans la mer des Sargasses, une zone de l'océan Atlantique. Elles remontent ensuite les rivières et les fleuves d'Amérique du Nord, d'Europe et d'Afrique.

Le sais-tu ?

Durant tout le voyage qui les mène de la rivière à la mer, les anguilles argentées ne mangent pas.

D'un pôle à l'autre

Les sternes arctiques sont les animaux migrateurs qui parcourent le plus grand nombre de kilomètres lors de leur migration*. Chaque année, ces oiseaux marins font l'aller-retour entre le Nord du globe (où ils se reproduisent) et le pôle Sud*. Ils font un véritable tour du monde !

L'anatomie des sternes

Les sternes arctiques possèdent un profil aérodynamique* et de longues ailes étroites. Elles utilisent leur queue fourchue pour changer rapidement de direction.

Pendant leur longue migration*, les sternes arctiques pêchent pour se nourrir. Elles plongent dans l'eau, tête la première, et saisissent leur proie* dans leur puissant bec.

Le sais-tu ?

La sterne arctique femelle choisit une belle prairie pour pondre un ou deux œufs beiges. Les œufs sont ensuite couvés par le mâle et la femelle, à tour de rôle.

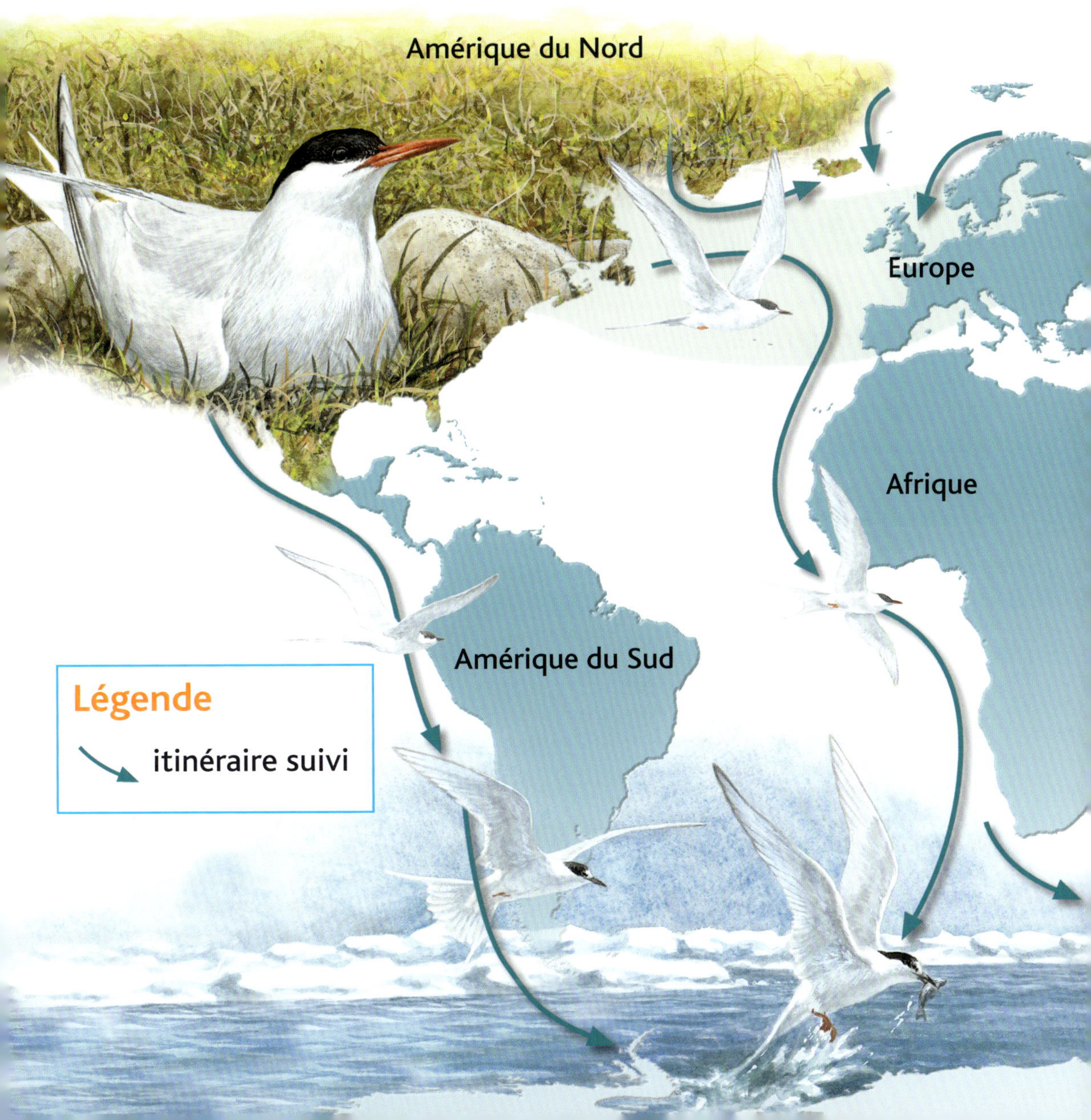

Quiz

Remets ces lettres dans le bon ordre puis associe chaque mot à l'image qui lui correspond.

MASUNO

QUOPHE

NECHILLE

NATHLÉÉP

Lexique

aérodynamique : avec une forme particulière qui permet de se déplacer rapidement dans l'air.

alevin : bébé poisson à la sortie de l'œuf.

Antarctique : continent recouvert de glace et situé autour du pôle Sud.

antenne : organe fixé sur la tête d'un insecte ou d'un crustacé qui lui permet de toucher, de sentir ou d'entendre.

crustacé : animal comme le crabe, la crevette ou le homard, qui possède une carapace dure et deux paires d'antennes.

se dandiner : avancer en balançant son corps.

équateur : ligne imaginaire qui traverse la Terre en son milieu et marque la séparation entre l'hémisphère Nord et l'hémisphère Sud.

frai : jeune poisson.

herbivore : qui se nourrit seulement de végétaux.

migration : long voyage effectué par certains animaux d'une région vers une autre. Ce voyage se fait régulièrement, pour des raisons diverses (recherche de la chaleur, reproduction, etc.).

odorat : sens par lequel on perçoit les odeurs.

planeur : qui vole sans battre des ailes.

poisson d'eau douce : poisson qui passe la majorité ou la totalité de sa vie dans l'eau non salée des rivières, des fleuves, des lacs ou des étangs.

polaire : à proximité des pôles Nord ou Sud.

pôle Nord : région très froide située à l'extrême nord du globe terrestre.

pôle Sud : région très froide située à l'extrême sud du globe terrestre.

proie : animal capturé, tué puis mangé par un autre.

tacon : jeune saumon vivant encore en eau douce, mais en route pour rejoindre la mer.

vénéneux : empoisonné.

zone d'alimentation : zone où un animal trouve sa nourriture.

zone tropicale : région chaude et humide située d'un côté ou de l'autre de l'équateur.

Crédits photographiques : 5 : photolibrary.com ; 11 : Schutterstock ; 23 : Corbis ; 27 : Auscape
Mise en pages : Cyrille de Swetschin

Achevé d'imprimer en juillet 2026 en France par Chirat - 42540 Saint-Just-la-Pendue - N° 2005676
Dépôt légal : Mars 2010 - Édition 12 - Collection 36 - 11/7495/2